啊一嗯

好像⋯

salt

啊嗯
啊嗯

陶ㄅ
圖鑑

軟趴趴⋯

1

請在上方圖中，找出10頂廚師帽 與7隻夾子。

還要找出1根 喔。

（粉紅色） 。 以不同姿勢躲藏著喔。

還要找出1支 喔。

問題
2

請在上方圖中，找出12個麵包店長 與10個粉圓

好美... 蜥蜴

魚...

點點水母 。

還要找出1個 🐚 喔。

白熊

炸豬排

貓

問題

3

請在上方圖中，找出12個白色貝殼 與8個

只看到局部的也算喔。

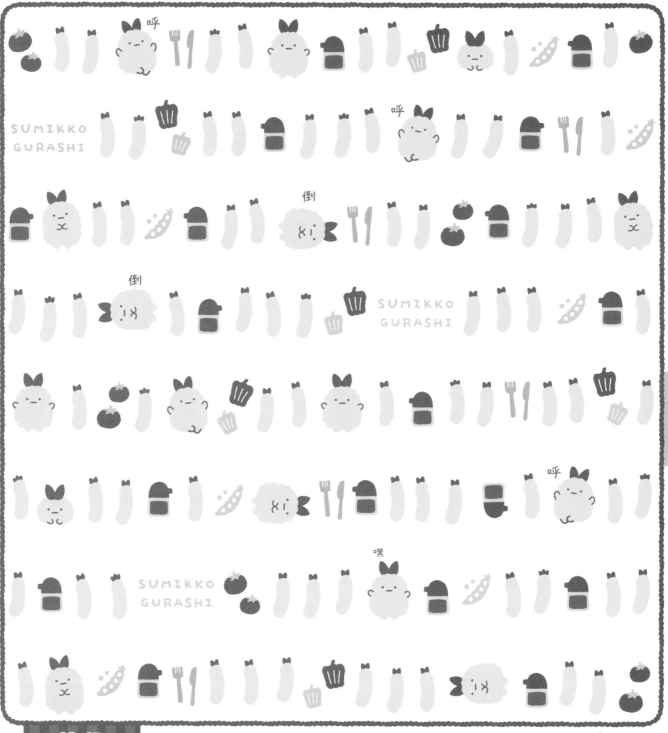

問題 4

請在上方圖中，找出12根和這隻相同炸蝦 與瓶口方向和 一樣的5瓶醬料瓶。

還要找出1個 喔。

9
Page

Minna e shirokuma kara no
tezukuri no okurimono.

問題

5

請在上方圖中，找出9隻黃色蝴蝶結小貓布偶與6個棉花 。有幾隻姿勢或毛色有深淺差異喔。

還要找出1個 🍼 喔。

Sumikko

My Friend...

tokage
蜥蜴

penguin?
企鵝?

tokage?
蜥蜴?

蜥蜴

角落小夥伴的生活
ogurashi™

與10頂同款同色的栗子帽。

問題
6

請在上方圖中，找出10個 蘑菇（真正的）

仔細找找顏色相同的。　　　　　　　　　還要找出1朵🍄喔。

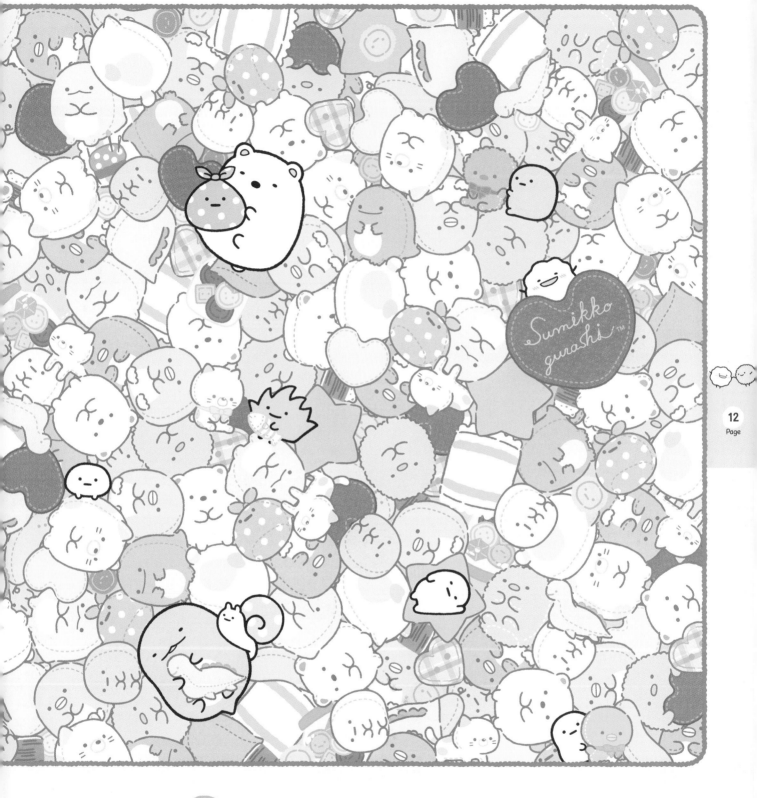

與10顆同色鈕釦◎。

還要找出1個◎喔。

一起玩…

12
Page

問題

7

請在上方圖中,找出12個同款布偶

有些角度不一樣喔。

問題

8

請在上方圖中，找出10朵四葉幸運草🍀
與7個蒲公英種子🌼。

還要找出1條🐟喔。

問題

9

請在上方圖中,找出12枝鉛筆
與10個長尾夾  。

有些形狀或顏色不一樣
仔細找一找喔。

還要找出1根 喔。

問題

10

請在上方圖中，找出10個飛塵 與9個雜草

以不同姿態及本色躲藏著的都算喔。

炸竹筴魚尾巴

緊張

休息

發現

幫忙

要不要試吃？

...

緊抱

前來救援囉

朋友

拖地

跌倒了

空空如也

試吃區
章魚小熱狗

熱騰騰
小菜區

NEKO

剛剛好
小黃瓜

盯

發現好東西

問題

11

請在上方圖中，找出10只點點錢包 與13個

包括不同的姿勢形貌喔。　　還要找出1杯 喔。

問題

12

請在上方圖中，找出7隻偽蝸牛
與7隻麻雀。

偽蝸牛揹的殼
會是各種不同的殼喔。

還要找出1把喔。

一起找找角落小夥伴 ♪ Ⅱ

解答

問題
2

12 麵包店長

10 粉圓(粉紅色)

1

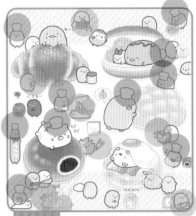

問題
1

10 廚師帽

7 夾子

1

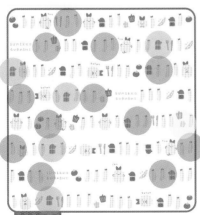

問題
4

12 炸蝦

5 醬料瓶

1

問題
3

12 白色貝殼

8 點點水母

1

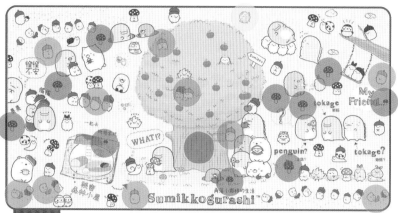

問題 **6**
- (10) 蘑菇(真正的)
- (10) 同款同色栗子帽
- 1

問題 **8**
- (10) 四葉幸運草
- (7) 蒲公英種子
- 1

問題 **5**
- (9) 黃色蝴蝶結小貓布偶
- (6) 棉花
- 1

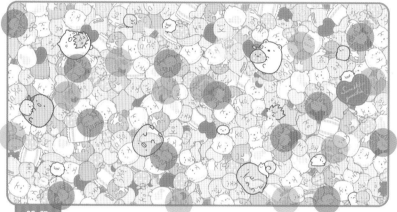

問題 **7**
- (12) 同款布偶
- (10) 同色鈕釦
- 1

問題 **10**
- (10) 飛塵
- (9) 雜草
- 1 貓

問題 **9**
- (12) 鉛筆
- (10) 長尾夾
- 1